DE L'ÉTAT

DE

L'ACCOMMODATION DE L'OEIL

PENDANT LES

OBSERVATIONS AU MICROSCOPE

Par Henri IMBERT

Pharmacien de 1re classe

Lauréat de l'École Supérieure de Pharmacie de Montpellier

Préparateur de Physique à la même École

PARIS

LIBRAIRIE J.-B BAILLIERE ET FILS

Rue Hautefeuille, 19,

Près le Boulevard Saint-Germain

1889.

DE L'ÉTAT

DE

L'ACCOMMODATION DE L'OEIL

PENDANT LES

OBSERVATIONS AU MICROSCOPE

Par Henri IMBERT

Pharmacien de 1re classe

Lauréat de l'École Supérieure de Pharmacie de Montpellier

Préparateur de Physique à la même École

PARIS

LIBRAIRIE J.-B. BAILLIÈRE ET FILS

Rue Hautefeuille, 19,

Près le Boulevard Saint-Germain

1889.

DE L'ÉTAT

DE

L'ACCOMMODATION DE L'ŒIL

PENDANT

LES OBSERVATIONS AU MICROSCOPE

C'est un fait assez généralement admis que les observations au microscope lor gtemps prolongées, et souvent répé-tées, fatiguent la vue et peuvent être la cause déterminante d'une myopie progressive. L'une des raisons que l'on donne pour rendre compte de ce fait est que la vision à travers un tube constitue une sorte d'obstacle au relâchement de l'ac-commodation ; l'observateur au microscope contracterait toujours énergiquement son muscle ciliaire et se mettrait ainsi dans les conditions de convergence et d'accommodation favorable au développement de la myopie.

Nous ne croyons pas que des expériences précises aient jamais été faites en vue de déterminer avec certitude l'état de l'accommodation de l'œil pendant les observations au mi-croscope. La question mérite cependant d'être étudiée en raison de l'importance, toujours croissante, que prennent les recherches micrographiques et des conséquences que l'abus du microscope entraînerait , d'après l'opinion générale que nous avons fait connaître en commençant. Telles sont les raisons pour lesquelles nous avons cru devoir entreprendre des recherches dans le but de déterminer l'état de l'accommodation de l'œil pendant les observations au microscope.

CHOIX D'UNE MÉTHODE D'OBSERVATION.

Avant de décrire la méthode que nous avons employée pour nos mesures, nous croyons devoir indiquer les difficultés que nous avons rencontrées au début de nos recherches Nous aurons ainsi l'occasion de signaler certains faits qui ne nous paraissent pas avoir été mentionnés encore, et que nous devrons prendre en considération, dans la suite de notre travail, pour établir les conditions dans lesquelles se trouve l'œil pendant les observations au microscope, au moins pour le cas d'assez forts grossissements.

I. — On ne peut songer à déterminer par l'expérience les éléments dioptriques du microscope employé, puis à déduire la distance à laquelle un observateur a fait former l'image, qu'il a vue avec netteté, de la distance, mesurée expérimentalement, entre l'objet et la première face de l'objectif. Outre que cette méthode serait longue et fastidieuse et qu'elle exigerait l'emploi de plusieurs instruments de précision, elle serait sujette à des causes d'erreur qui la rendraient absolument illusoire, comme cela résultera de ce que nous dirons bientôt.

II. — Au lieu de déduire la distance à laquelle un observateur fait former l'image qu'il voit avec netteté, des éléments dioptriques du microscope, au moyen des formules générales des dioptres composés, on peut songer à déterminer cette distance, par l'expérience, grâce à des observations faites une fois pour toutes sur un œil atropinisé et à une sorte de graduation dont on munirait alors le microscope.

Supposons, en effet, que la tête de la vis de rappel qui sert à faire mouvoir lentement le microscope soit munie, sur sa circonférence, d'une graduation en parties égales, comme le font d'ailleurs quelques fabricants. Supposons, en outre, qu'on ait adapté à l'instrument une tige fixée sur son pied, parallèle au corps du microscope, rasant la tête de la vis à laquelle elle est perpendiculaire, et munie aussi d'une graduation en parties égales. Cette disposition, de tous points analogue à celle du sphéromètre, et dont nous nous sommes servi au début, permet de déterminer à chaque instant avec une assez grande précision la position du microscope.

Soit maintenant un observateur que, pour plus de simplicité, nous supposerons être emmétrope, et dont l'accommodation, pour plus de sûreté, aura été paralysée par des instillations d'atropine. Le microscope étant muni d'un oculaire et d'un objectif de numéros donnés, si l'observateur met au point, il fera former l'image à l'infini ; que l'on note alors les deux divisions de la tige et de la tête de vis qui se trouvent en regard, et il sera facile de retrouver à volonté la position actuelle du microscope et de faire sûrement former à l'infini, toutes choses égales d'ailleurs, l'image que fournit l'instrument. Si l'on fait un certain nombre d'observations analogues en munissant successivement des verres $\pm$ 1^d, $\pm$ 2^d, $\pm$ 3^d, etc., l'œil de l'observateur, celui-ci, au moment des mises au point successives, fera former l'image successivement à 1^d, 2^d, 3^d, etc., en avant de l'œil (cas des verres positifs), ou en arrière de l'œil (cas des verres négatifs). La connaissance des divisions de la tige et de la vis qui se correspondent dans chacune de ces observations devra suffire, toutes choses égales d'ailleurs, pour faire former avec certitude l'image à telle distance que l'on voudra. Le microscope sera, dès lors, gradué pour les déterminations ultérieures.

Malheureusement, le déplacement total que doit subir le corps du microscope, pour que l'image qu'il donne se forme successivement aux points extrêmes de la vision distincte, proximum et remotum, même dans le cas d'une personne

jeune et douée en conséquence d'un fort pouvoir accommodatif, ce déplacement, disons-nous, est extrémement faible.
Il faudrait pouvoir apprécier avec certitude un déplacement
d'un millième de millimètre au moins pour que les résultats puissent présenter quelques garanties de précision. Tout
observateur qui s'est rendu maître de son accommodation
peut facilement vérifier ce fait en mettant successivement au
point pour son proximum, puis pour son remotum ; mais il
est facile aussi, par la considération des points cardinaux de
l'instrument, de montrer combien ces déplacements doivent
être en effet petits.

Supposons le microscope réduit à une lentille objective
et à une lentille oculaire de distances focales f_1 et f_2. Représentons en outre par δ, à l'exemple de M. Monoyer, la distance du deuxième foyer de l'objectif au premier foyer de
l'oculaire et soient encore :

q_1 la distance de l'objet au premier foyer de l'objectif,

q'_1 la distance de l'image correspondante au deuxième
foyer de la même lentille,

q_2 la distance de cette image au premier foyer de l'oculaire,

q'_2 la distance de l'image définitive au deuxième foyer de
cette seconde lentille.

On sait que l'on a successivement ·

pour l'objectif : $\qquad q_1 q'_1 = f_1^2$,

pour l'oculaire : $\qquad q_2 q'_2 = f_2^2$

d'où l'on tire facilement, en remarquant que $q_2 = \delta - q'_1$,

$$q_2 = \frac{f_2^2}{\delta - \dfrac{f_1^2}{q_1}};$$

en faisant successivement q'_2 puis q_1 égal à l'infini on trouve :

1° Pour la distance du premier foyer principal de l'instrument au premier foyer de l'objectif ($q'_2 = \infty$)

$$(1) \qquad\qquad q'_\varphi = \frac{f_1^2}{\delta};$$

2° Pour la distance du deuxième foyer principal du microscope au deuxième foyer de l'oculaire $(q_1 = \infty)$.

$$(2) \qquad q'_\varphi = \frac{f_2^2}{\delta}.$$

Soit maintenant y la grandeur linéaire d'un objet, y' la grandeur linéaire de l'image correspondante fournie par l'objectif, y'' la grandeur linéaire de l'image définitive. On sait que l'on a :

$$\frac{y'}{y} = \frac{q'_1}{f_1} = \frac{f_1}{q_1},$$

$$\frac{y''}{y'} = \frac{q'_2}{f_2} = \frac{f_2}{q_2};$$

d'où, en multipliant membre à membre :

$$\frac{y''}{y} = \frac{q'_1 q'_2}{f_1 f_2} = \frac{f_1 f_2}{q_1 q_2}.$$

Il est d'ailleurs facile de démontrer que, dans le cas d'un système dioptrique formé par un nombre pair de dioptres simples comme dans le microscope, l'image y'' est droite ou renversée par rapport à l'objet y, suivant que le rapport $\frac{y''}{y}$ est positif ou négatif. D'après cela, pour déterminer les points principaux, il faudra égaler à $+ 1$ chacune des valeurs du rapport $\frac{y''}{y}$.

On trouve alors : 1° Pour la distance du premier point principal au premier foyer de l'objectif :

$$(3) \qquad q_h = \frac{f_1 (f_1 + f_2)}{\delta};$$

2° Pour la distance du deuxième point principal au deuxième foyer de l'oculaire,

$$(4) \qquad q'_h = \frac{f_2 (f_1 + f_2)}{\delta}.$$

En retranchant l'une de l'autre les expressions (1) et (3),

(2) et (4) on trouve, pour la valeur commune des deux distances focales du microscope,

$$(5) \qquad q_h - q\varphi = q'_h - q'_\varphi = \frac{f_1 f_2}{\delta} = \Phi.$$

La distance $\frac{f_1 f_2}{\delta}$ étant évidemment positive, il en résulte que les foyers principaux du microscope sont compris entre les points principaux.

Supposons le cas où l'on aurait $f_1 = 2^{mm}$, $f_2 = 50^{mm}$, $\delta = 100^{mm}$, conditions qui correspondent à un faible grossissement ; la distance focale du microscope est alors :

$$\Phi = \frac{2 \times 50}{100} = 1^{mm}.$$

L'image donnée par l'objectif devant être plus grande que l'objet, celui-ci doit toujours être compris entre les premiers points principal et antiprincipal ; mais, lors d'une observation au microscope, cette image devant en outre être comprise entre le proximum et le remotum de l'observateur, l'objet ne peut se déplacer sur toute l'étendue de 2 millim. qui sépare un point principal du point antiprincipal correspondant. Supposons, par exemple, l'observateur emmétrope, âgé de 20 ans et ayant son proximum à 100 millim. ; en admettant qu'au moment d'une observation au microscope l'œil coïncide avec le deuxième foyer principal de l'instrument, les positions extrêmes que pourra occuper l'objet seront celles pour lesquelles l'image sera successivement à l'infini et à 10 millim. du deuxième foyer principal. Or la formule générale $qq' = f^2$, appliquée au cas considéré, devient $qq' = 1$; et si l'on fait successivement q' égal à l'infini, puis à 100 millim., les valeurs correspondantes de q sont 0 et $0^{mm},01$. Donc l'emmétrope choisi comme exemple, s'il veut faire former l'image entre son proximum et son remotum, ne peut déplacer l'objet que sur une étendue de $0^{mm},01$ à partir du foyer principal du microscope et du côté du premier point antiprincipal. Ce déplacement est d'ailleurs le même pour tout myope ou hypermétrope du même âge, c'est-à-dire de même pouvoir accommodatif, quel que soit le degré de son anomalie ; on ne peut donc espérer augmenter l'étendue de ce déplacement en se rendant momentanément myope ou hypermétrope par l'adjonction à l'œil d'un verre positif ou négatif.

La méthode qui consisterait à déterminer par l'expérience la position de l'image d'après la position du microscope par rapport à l'objet, n'est donc pas applicable dans la pratique.

III. — Un autre procédé, simple encore, paraît tout d'abord pouvoir être employé.

Qu'une personne mette au point pour un oculaire et un objectif donnés. Des verres positifs graduellement croissants étant interposés entre l'oculaire et l'œil de l'observateur, celui-ci devrait relâcher de plus en plus son accommodation pour continuer à voir nettement l'image. Le numéro du plus fort de ces verres positifs, avec lesquels l'image sera encore vue nettement, indiquerait donc le nombre de dioptries d'accommodation que l'observateur faisait intervenir au moment où il a mis au point. Sans doute, on ne serait pas sûr d'obtenir ainsi un relâchement complet de l'accommodation, et l'exactitude des résultats pourrait être contestée ; mais, d'un autre côté, on pourrait établir une sorte de contrôle en interposant des verres négatifs graduellement croissants entre l'oculaire et l'œil de l'observateur jusqu'au moment où celui-ci accuserait une diminution dans la netteté de l'image. La somme des numéros des verres positifs et négatifs extrêmes, avec lesquels l'image conserverait sa netteté, donnerait le pouvoir accommodatif que l'on comparerait à celui qui correspond à l'âge de l'observateur. Ce procédé serait, en somme, analogue à celui de la détermination du proximum et du remotum avec la boîte de verres, et des instillations d'atropine permettraient au besoin de déterminer avec certitude la fraction d'accommodation employée par l'observateur au moment de la mise au point.

Mais un fait qui ne nous paraît pas avoir été signalé encore rend ce procédé complètement illusoire. Ce fait, dont la considération nous semble avoir une grande importance dans la question qui nous occupe, consiste en ce que l'état de l'accommodation est à peu près sans influence sur la netteté de l'image dès que le grossissement est un peu considérable (200 à 300 diamètres environ[1]). En d'autres termes, lorsqu'on a mis au point pour un grossissement un peu considérable et que l'on vient à relâcher son accommodation ou à accommoder plus fortement, la netteté de l'image n'est pas altérée d'une façon appréciable. L'astigmatisme même, à moins qu'il n'atteigne un degré élevé, n'exerce pas d'action sur la netteté des images qui correspondent à un fort grossissement.

Il est facile de se convaincre de la véracité de ces affirmations. Lorsqu'un observateur, même assez fortement myope, a mis au point, un autre observateur emmétrope ou hypermétrope, dont le proximum est plus éloigné que le remotum du premier, n'a pas à changer la position relative de l'objet et du microscope pour voir l'image avec le maximum de netteté, pourvu que le grossissement soit assez considérable.

En outre, tout observateur astigmate même de $2^d,5$ à 3^d, peut constater que la netteté de l'image microscopique n'est pas sensiblement augmentée par l'interposition, entre l'œil et l'oculaire de l'instrument, du verre cylindrique correcteur de l'anomalie ; de même un observateur dont les yeux sont exempts d'astigmatisme continue à voir l'image avec la même netteté lorsqu'il arme ses yeux de verres cylindri-

---

[1] Le grossissement, tel qu'on le mesure dans la pratique, dépend de la distance entre l'œil de l'observateur et le plan sur lequel on projette l'image que l'on mesure ; ce plan est en général celui de la table sur laquelle repose le microscope, et sa distance à l'œil dépend de la hauteur de l'instrument. Les grossissements dont il sera question dans ce travail ont été déterminés en projetant l'image à mesurer sur un plan situé à $0^m,33$ de l'œil.

ques concaves ou convexes croissants jusqu'à 3^d et orientés d'une façon quelconque.

Ces observations sont surtout concluantes si l'on choisit comme objet une préparation de bactéries. Un telle prépara-tion, formée de lignes orientées dans tous les sens, réalise en effet les meilleures conditions que l'on puisse souhaiter pour rechercher l'influence de l'astigmatisme sur la netteté des images microscopiques.

Cette indépendance de la netteté des images et de l'état d'accommodation de l'œil résulte du faible diamètre de l'ou-verture dans laquelle est enchâssé l'objectif, et par où péné-tre la lumière qui arrive à l'œil de l'observateur.

Soient en effet $OB = d$ le rayon (fig. 1) de cette ouverture et l la distance à l'objectif de l'image S' fournie par cette lentille. Les rayons qui, partis d'un point S de l'objet, péné-trent dans le microscope et arrivent à l'œil de l'observateur, forment, après réfraction à travers l'objectif, un cône conver-gent, ayant pour base un cercle de rayon $OB = d$ et pour sommet le point S' situé à la distance l de l'objectif. Ces rayons, après s'être réunis en S', divergent entre eux, tom-bent sur l'oculaire CC', dont nous représenterons par l' la distance au point S', et interceptent sur cette lentille un cer-cle dont le rayon $O'C' = d'$ sera donné par la proportion :

$$\frac{d'}{d} = \frac{l'}{l}$$

d'où
$$d' = \frac{l'}{l}$$

Représentons par L la distance $O'S''$ de l'oculaire $C'C'$ à l'image définitive S'' que donne le microscope du point S de l'objet. Le cône de rayons considéré forme, après réfrac-tion à travers l'oculaire, un cône ayant S'' pour sommet, et pour base, sur l'oculaire, un cercle de rayon d' ; c'est en cet état qu'ils tomberont sur l'œil de l'observateur, dont nous représenterons par λ la distance à l'oculaire. Le rayon $DD' = \delta$ du cercle, que le cône de rayons réfractés par l'oculaire interceptera sur la cornée de l'œil de l'observateur, sera donné par la nouvelle proportion

$$\frac{\delta}{d'} = \frac{L + \lambda}{L}$$

d'où
$$\delta = d' \frac{L + \lambda}{L}$$

et en remplaçant d' par sa valeur précédemment trouvée

$$(1) \qquad \delta = d \frac{l'}{l} \frac{L + \lambda}{L}.$$

Si l'œil observateur n'est pas exactement accommodé pour la distance à laquelle se trouve l'image définitive S'', les rayons dont nous venons de suivre la marche à travers le microscope n'iront pas se réunir en un même point de la rétine, sur laquelle ils formeront donc un cercle de diffusion. Or, il est facile de déterminer la plus grande valeur que peut atteindre le rayon ou le diamètre de ce cercle, et d'avoir ainsi une sorte de mesure du trouble extrême qu'un défaut d'accommodation exacte peut introduire dans la netteté des images.

Supposons, en effet, que l'œil observateur soit accommodé pour un point situé au delà de la position de l'image S'' ; les rayons formant le cône incident qui a pour sommet le point S'' vont alors concourir en arrière de la rétine et interceptent sur celle-ci un cercle de diffusion de rayon δ', inférieur à δ, dont nous allons calculer la valeur maxima.

Soit, par exemple, un observateur emmétrope qui a fait former l'image S'' à son proximum et qui relâche son accommodation ; q_1, q'_1 étant la distance de l'image-objet S'' et de l'image correspondante fournie par l'œil observateur aux foyers principaux de cet œil, dont nous représenterons les distances focales par f_1 et f'_1, on a :

$$q'_1 = \frac{f_1 f'_1}{q_1}.$$

Mais la figure et l'égalité précédente donnent immédiatement :

$$\frac{\delta'}{\delta} = \frac{q'_1}{f'_1 + q'_1} = \frac{f_1 f'_1}{f'_1 q_1 + f_1 f'_1} ;$$

comme d'ailleurs $f_1 f'_1 = 300$ en nombre rond, il vient :

$$\delta' = \delta \frac{300}{300 + 20 q_1}.$$

Si l'observateur emmétrope a un pouvoir accommodatif de 10^d, q_1 est égal à 100^{mm}, et l'on a dans ce cas :

$$\delta' = \delta \frac{300}{2500},$$

c'est-à-dire
$$\delta' < \frac{1}{7} \delta.$$

Or si l'on fait $d = 0^{mm},25$, $l = 150^{mm}$, $l' = 20^{mm}$, $L = 90^{mm}$, $\lambda = 10^{mm}$, la formule (1) donne

$$\delta = 0^{mm},035 ;$$

il résulte de là que la valeur de δ' ne sera que de quelques millièmes de millimètre.

Supposons, au contraire, que l'observateur, emmétrope, ait fait former l'image S'' à l'infini et qu'il accommode pour son proximum. Les rayons qui, venus d'un même point de S'', arrivent à l'œil observateur, sont parallèles à l'axe et vont concourir à son deuxième foyer principal ; or ce point est situé actuellement à 20 millim. en arrière de la cornée et à 2 millim. environ en avant de la rétine.

Le rayon δ' du cercle de diffusion, que ces rayons forment sur l'écran rétinien, est alors à δ dans le rapport de 2 à 20 ; δ' n'est donc que le $\frac{1}{10}$ de δ.

En résumé, nous pouvons dire que le rayon du plus grand cercle rétinien de diffusion qui puisse résulter d'une accommodation défectueuse, n'est guère que $\frac{1}{10} \delta$, c'est-à-dire égal à quelques millièmes de millimètre.

Le diamètre de ce cercle est donc du même ordre de grandeur que les bâtonnets et les cônes, et l'on conçoit dès lors que la netteté des images fournies par un microscope soit indépendante, quand le grossissement est un peu considérable, de l'état d'accommodation de l'œil. Nous aurons plus loin à invoquer ce fait pour établir les conditions dans lesquelles nous semble s'effectuer la vision à travers un microscope.

La méthode fondée sur le plus ou moins de netteté des images rétiniennes, suivant que l'observateur est ou n'est pas exactement accommodé pour la distance à laquelle se trouve l'image fournie par le microscope, devient donc illusoire quand le grossissement est un peu fort, et les erreurs que l'on peut commettre en l'employant peuvent atteindre des valeurs considérables. C'est ainsi que trois emmétropes, l'un de 66 ans, l'autre de 38, le troisième de 20, dans le cas de l'oculaire 2 et de l'objectif 9 (Verick), accusaient une égale netteté avec tous les verres compris entre

— 5^d et $+ 7^d$ pour le premier,
— 1^d et $+ 7^d$ pour le deuxième,
— $4^d,5$ et $+ 4$ pour le troisième,

résultats qui conduiraient à attribuer au pouvoir accommodatif de chacun de ces observateurs les valeurs 12^d, 8^d, $8^d,50$ alors que ces pouvoirs accommodatifs, déterminés expérimentalement ou déduits des courbes de Donders, sont respectivement égaux à 0^d, $5^d.5$ et 10^d.

Fig. 1.

IV. — La méthode à laquelle nous avons eu recours en

dernier lieu est en quelque sorte indirecte, en ce sens que l'état d'accommodation de l'observateur est déduit de l'angle de convergence de ses axes visuels. Toute personne, sauf un strabique, accommode toujours et inconsciemment, en effet, à moins d'exercices spéciaux, pour le point où ses axes visuels convergent.

Cette méthode est simple, rapide et d'ailleurs suffisamment exacte; elle permet au besoin de constater et de mesurer les variations de l'accommodation qui peuvent survenir pendant tout le temps que dure l'examen d'une préparation.

Imaginons que sur la table sur laquelle repose le microscope on ait tracé une ligne XY (fig. 2) parallèle à la ligne qui joint les centres de rotation D et G des yeux. Mettons au point avec l'œil droit D par exemple, en tenant l'œil gauche G couvert ou fermé, pour une préparation sur le choix de laquelle nous reviendrons plus loin. Découvrant alors l'œil gauche et accommodant de manière à voir nettement la ligne XY tracée sur la table, notons quel est le point A de l'image II' de la préparation vue avec l'œil droit qui coïncide avec un point B que fixe notre œil gauche sur la ligne XY. Nos axes visuels convergent alors en ce point B et nous accommodons pour la distance d dioptries à laquelle ce point B se trouve. Si la netteté de l'image microscopique n'était pas indépendante de l'état d'accommodation de l'œil, lorsque l'observateur verrait à la fois nettement les points A et B, l'image A serait réellement à la même distance d dioptries que le point B; par suite, les deux points A et B seraient toujours vus superposés lorsque le point de fixation se déplacerait sur la table. Mais en réalité, bien que nous voyions les points A et B simultanément et avec une égale netteté, la distance d' dioptries de A à l'œil d peut être notablement supérieure ou inférieure à d ; A et B ne coïncideront donc plus lorsque les axes visuels de l'observateur convergeront sur la table en un point autre que B, et l'on doit en conséquence s'attacher uniquement à remarquer quel est le point A de la préparation qui coïncide avec le point B de la ligne XY au moment où l'on voit nettement ce dernier.

Inscrivons le nombre d en face du point B, puis plaçons successivement devant notre œil gauche des verres positifs et négatifs croissant par dioptrie et notons les points B_1 B_2... B'_1, B'_2..., de la ligne XY, sur lesquels se projette successivement le point A de la préparation lorsque nous voyons

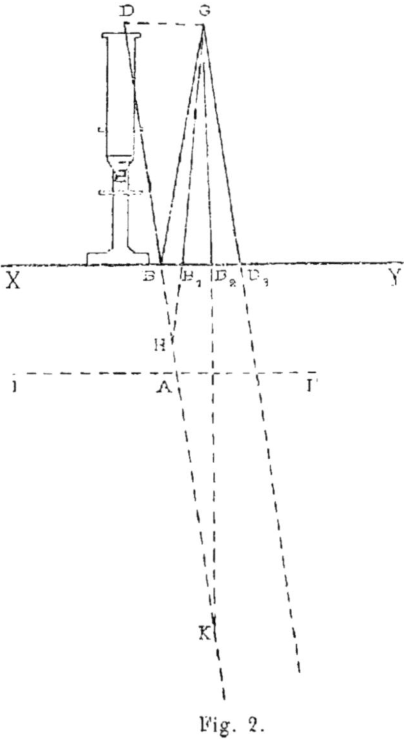

Fig. 2.

avec netteté les points B_1, B_2... B'_1, B'_2 ... Au moment où le verre positif de 1 dioptrie est placé devant l'œil gauche, pour voir nettement sur la table, nous devons relâcher de 1^d notre accommodation ; nos axes visuels convergent dès lors en H à 1^d plus loin que lors de la première détermination, c'est-à-dire à $d—1$ dioptries ; inscrivons ce nombre $d—1$ en

face du point B_1 de la ligne XY. Le même raisonnement con-
duira à inscrire $d-2$, $d-3$.... $d+1$, $d+2$.... en face des
points B_2, B_3... B'_1, B'_2..., vus nettement, sur lesquels se
projettera successivement le même point A de la préparation
lorsque l'œil gauche sera muni des verres $+2^d$, $+3^d$... -1^d,
-2^d... Cette graduation une fois établie et l'objet conservant
sa position, lorsqu'un observateur, quel qu'il soit, aura mis
au point, l'œil gauche étant couvert ou fermé, il lui sera facile
d'indiquer exactement le point M de la ligne XY sur lequel
se projettera le point A de la préparation, au moment même
où l'œil gauche viendra à être découvert ; le nombre inscrit
en face de M fera connaître la distance à laquelle conver-
geaient les axes visuels au moment où l'œil droit examinait
la préparation, et l'on en déduira l'état d'accommodation de
cet œil si l'on connaît son état de réfraction.

Une première remarque doit être faite au sujet de la graduation précédente. Le point B, à partir duquel les divisions
ont été déterminées, a été choisi d'une façon complètement
arbitraire, et les divisions n'occupent pas sur la ligne XY
une position fixe et invariable. Mais cette particularité ne
diminue en rien l'exactitude de la graduation ; il suffit, en
effet, que les conditions dans lesquelles celle-ci a été établie puissent être sûrement retrouvées. Il suffira pour cela,
par exemple, de tracer la ligne XY sur une feuille de papier
qui s'engagera en partie sous le pied du microscope et de
marquer sur cette feuille le contour du pied de l'instrument ;
papier et microscope pourront toujours ainsi être replacés
dans la même position relative, avec une exactitude très
largement suffisante pour ne diminuer en rien la sensibilité de la méthode. On notera, en outre, pour chaque préparation employée ou pour chaque grossissement, le point A
de la préparation qui coïncide avec le point B de la ligne, et ce
sera ce point A que devront regarder et projeter sur la ligne
XY les personnes sur lesquelles on fera des déterminations.

Les divisions de la graduation pourraient au besoin être
déterminées par le calcul en mesurant d'abord la distance

des centres de rotat'on des yeux et la distance à laquelle se trouve la ligne XY ; mais la méthode expérimentale que nous avons indiquée ci-dessus est plus simple et plus ra· pide ; c'est celle dont nous nous sommes servi.

La grandeur des divisions dépend de l'écartement des yeux de l'observateur qui établit la graduation, et la distance des centres de rotation des globes oculaires varie d'une personne à l'autre. Il semble donc qu'une correction doit être faite, à chaque observation ; mais cette correction est presque insignifiante et certainement au-dessous des erreurs que commet toute personne dans l'appréciation des phénomènes sur lesquels la méthode est fondée. En effet, les centres de rotation de deux yeux étant D et G, menons par ces points des lignes GK et DK qui vont converger à une distance d. Il s'agirait de tenir compte de la différence de longueur intercoptée par ces lignes sur la droite XY parallèle à DG et située à 0,30 environ, suivant la distance des deux points D et G. Cette différence sera évidemment maxima lorsque les lignes DK et GK seront parallèles (vision à l'infini), auquel cas elle sera égale à la différence d'écartement des yeux des divers observateurs. Or cette distance ne dépasse pas, en général, un petit nombre de millimètres, tandis que les divisions de la ligne XY déterminées expérimentalement sont distantes de 1 centim. environ, lorsque la ligne XY est à $0^{m},33$ de l'œil de l'observateur. La correction à faire peut donc atteindre la valeur maxima de $\frac{1}{3}$ ou $\frac{1}{4}$ de division, et le point de concours des axes visuels se trouve en conséquence déterminé à moins de $\frac{1}{3}$ ou $\frac{1}{4}$ dioptrie près, exactitude bien suffisante pour nos recherches.

Les indications données plus haut, en ce qui concerne la détermination des divisions à marquer sur la ligne XY, supposent implicitement que l'observateur peut réaliser la vision nette pour des distances supérieures ou inférieures à celle à laquelle est située la ligne XY. Il est évident, en effet, que si l'observateur a son proximum au delà de $0^m,33$, distance à laquelle se trouve XY, il ne pourra pas voir nettement cette ligne ; il sera donc dans l'impossibilité de faire choix d'un point de départ pour la graduation. Supposons, d'un autre côté, que l'observateur soit myope et que son remotum soit, par exemple, situé à la même distance 3^d que la ligne XY. Pour toute convergence des axes visuels inférieure à celle qui correspond à la vision à la distance de 3^d, cet observateur myope de 3^d dioptries verra nettement la ligne XY; il pourra donc faire successivement coïncider un même point de la préparation avec une infinité de points de XY, qui tous cependant seront vus avec une égale netteté ; le point de départ de la graduation est donc dans ce cas complètement indéterminé. Mais il suffit, pour rendre possible à ces observateurs l'établissement de la graduation, d'armer leurs yeux des verres correcteurs de leur anomalie.

Les strabiques sont moins favorisés : ils ne peuvent à eux seuls établir la graduation, et doivent avoir recours à un observateur jouissant de la vision binoculaire ; en outre, on ne peut déterminer leur état d'accommodation, au moment où ils examinent une préparation, par la méthode que nous venons d'indiquer, puisqu'elle suppose que les axes visuels concourent toujours sur l'objet visé. Je dois d'autant plus signaler ce fait que, atteint moi-même d'un strabisme intermittent, j'ai dû avoir recours à d'autres pour établir la graduation qui m'était nécessaire, quitte à contrôler les indications des uns par celles des autres, puisque je ne pouvais moi-même m'assurer de l'exactitude de la graduation. Mon strabisme était encore pour moi la source d'autres ennuis. Pour chaque grossissement différent, en effet, ou chaque fois que l'objet a été déplacé, il faut à nouveau déterminer le point A de la préparation qui coïncide avec le point B de l'échelle vu nettement, et pour cela l'exercice de la vision binoculaire est nécessaire. Heureusement cette difficulté peut être tournée de la manière suivante.

Imaginons que l'on introduise dans l'oculaire du microscope un micromètre que l'on puisse toujours placer exactement dans la même position ; supposons, en outre, qu'un observateur jouissant de la vision binoculaire ait noté, pour chaque grossissement différent, le numéro N de la division du micromètre en coïncidence avec le point A de la préparation qui aura servi à établir la graduation. Le strabique, pour connaître ce point A, afin de pouvoir l'indiquer aux personnes sur lesquelles les observations seront prises, n'aura qu'à faire usage du micromètre et à noter le point de la préparation coïncidant avec la division N, lorsqu'il aura mis au point pour lui-même. Pour qu'il soit possible de tourner ainsi la difficulté, il faut que le micromètre soit établi à poste fixe et invariablement réuni à la monture de l'oculaire. Mais les observateurs auraient alors toujours devant l'œil, pendant l'examen d'une préparation, l'image du micromètre, laquelle est constamment située à la même distance, puisque les verres qui la donnent occupent, par rapport aux divisions micrométriques, une position invariable. Il serait dès lors à craindre que les observateurs ne fussent incités par ce fait à se mettre dans l'état d'accommodation qui fait voir nettement l'image du micromètre, et à accommoder toujours pour la distance à laquelle cette image se forme. Aussi ai-je fait choix de deux oculaires identiques dans l'un desquels j'ai fait fixer le micromètre qui supprime la nécessité de la vision binoculaire pour régler les conditions d'observation, tandis que l'autre était destiné aux personnes dont l'état d'accommodation devait être examiné.

La méthode que nous venons de décrire comporte une cause d'erreur qu'il est facile de supprimer.

Nous avons toujours supposé que la ligne DG (fig. 2), qui joint le centre de rotation des yeux, était parallèle à XY. Il est facile à un observateur habitué à relâcher volontairement son accommodation de trouver la position qu'il doit prendre devant le microscope pour que l'hypothèse précédente soit réalisée. Il lui suffit, en effet, de se placer de telle sorte que, s'il relâche son accommodation et diminue la convergence de ses axes visuels, un point de la préparation projeté primitivement sur XY se déplace sans quitter cette ligne. Mais ce n'est pas sur de tels observateurs que doivent être prises les mesures, puisque ceux-ci, maîtres de leur accommodation, peuvent la relâcher de manière à supprimer tout danger qui pourrait résulter de contractions exagérés du muscle ciliaire pendant des observations microscopiques longues et répétées. Or, si la droite de jonction des centres de rotation des yeux de l'observateur n'est pas parallèle à XY, la projection du point A de la préparation sera située au-dessus ou au-dessous de cette ligne ; l'observateur en indiquera la position d'après celle du pied de la perpendiculaire abaissée de la projection de A sur XY, et il résultera de ce fait une erreur d'autant plus grande que l'angle de XY et de la ligne des centres de rotation des globes oculaires sera lui-même plus grand. Pour supprimer cette cause d'erreur, ou la rendre du moins complètement négligeable, il suffit de munir le corps du microscope, à la hauteur de l'oculaire, d'une lame métallique ou simplement d'un carton portant à son extrémité libre une ouverture circulaire de quelques millimètres de diamètre, en face de laquelle chaque personne devra placer son œil gauche au moment d'une observation. Sans doute, en opérant ainsi, on n'assigne pas aux yeux de l'observateur une position absolument invariable. En particulier, l'axe visuel de l'œil droit, celui que nous supposons être employé à l'examen de la préparation, peut en réalité occuper diverses positions voisines les unes des autres, tout en restant dirigé vers le point A, dont la projection sur la ligne XY sera donc variable. Mais l'erreur qui résulte de ce fait ne dépasse pas un quart de dioptrie et peut être absolument négligée.

Une autre objection peut être faite à la méthode que nous avons employée. Cette méthode, en effet, exige, pour être exacte, que l'accommodation soit intimement liée à la convergence ; or on sait, depuis les recherches de Donders, qu'il n'en est pas rigoureusement ainsi. Pour une convergence

3

donnée, l'accommodation peut varier entre certaines limites,
et réciproquement. Notre méthode n'est-elle pas faussée par
ce fait ? Nous ne le pensons pas.

Tout d'abord, en effet, les variations de l'accommodation
ou de la convergence pour une convergence ou un état d'accommodation donnés, n'ont été observées, depuis Donders,
qu'avec le secours de verres sphériques ou prismatiques
placés devant les yeux soumis à l'observation. En d'autres
termes, les variations n'ont été observées que lorsqu'on les
a incitées à se produire par des moyens appropriés. Or, rien
de tel n'existe dans la méthode que nous avons suivie. Nous
pouvons d'ailleurs citer une preuve expérimentale du peu
de valeur de l'objection dont nous nous occupons. En faisant
établir par deux personnes différentes la graduation dont
nous avons parlé plus haut, et en répétant les déterminations
à plusieurs heures ou à plusieurs jours d'intervalle, nous
n'avons jamais observé d'écart de plus de $0^d,5$. Ce chiffre
$0^d,5$ donne donc une mesure de la sensibilité de la méthode
suivie, sensibilité qui nous paraît suffisante dans ce genre
de recherche.

CHOIX DE L'OBJET.

Les coupes faites par un habile micrographe ou obtenues
avec un excellent microtome ont, dans le cas d'un grossissement un peu fort, une épaisseur égale et souvent supérieure
au déplacement total que peut subir l'objet, pour que son
image se forme aux limites extrêmes de la vision distincte
de l'observateur. Les divers plans de la préparation ne sont
vus alors avec netteté que successivement, et il est au moins
difficile d'indiquer exactement à la personne soumise à l'observation le point exact de l'image dont elle doit indiquer
la projection sur la graduation.

Aussi nous a-t-il paru préférable de faire usage d'objets
presque rigoureusement plans, et avons-nous choisi une préparation de bactéries charbonneuses. C'est sur les bactéries, et

non sur les éléments du tissu qui les contient, que nous avons
appelé l'attention de l'observateur ; c'est l'une de ces bactéries que nous avons amenée chaque fois dans une position
toujours la même dans le champ du microscope, et dont la
projection sur la ligne XY de la graduation devait nous être
indiquée.

RÉSULTATS.

Pour chacune des personnes que nous avons soumises à
l'observation, nous avons successivement opéré, au début de
nos recherches, avec les grossissements que l'on obtient par
l'association du même oculaire 2 (Verick) avec les objectifs
2, 4, 7, 9 (Verick). En outre, pour chacun de ces grossissements, nous avons fait plusieurs expériences en maintenant
d'abord fermé l'œil libre de l'observateur, puis en laissant
cet œil ouvert, mais couvert par un écran ; après la mise au
point exacte, l'œil libre était ouvert ou découvert, et l'observateur nous indiquait aussitôt le point de la graduation sur
lequel se projetait l'image de la bactérie convenue. Plus
tard, à cause de la faible différence existant entre les résultats
obtenus sous les divers grossissements, nous nous sommes
contenté d'opérer avec les combinaisons : oculaire 2, objectifs 4 et 9.

Ajoutons encore que nous avons chaque fois fait effectuer
la mise au point en tournant la vis du microscope de gauche
à droite, puis de droite à gauche, c'est-à-dire en faisant
d'abord former l'image microscopique très loin, puis très
près ; nous nous sommes assuré ainsi que, quel que soit le
sens dans lequel l'image doit être déplacée pour arriver à
être vue nettement, l'état de l'accommodation de l'observateur est toujours le même.

Nous avons cru inutile de reproduire toutes les mesures
que nous avons prises, et cela à cause de l'uniformité générale des résultats. Aussi nous bornerons-nous à consigner
dans le tableau suivant une partie des nombres obtenus.

Pour chaque personne, nous avons indiqué, dans la colonne 2 l'âge, dans les colonnes 3 et 4 la position du proximum, position déterminée par le procédé clinique (fils tendus sur un cadre). Nous avons presque toujours déterminé aussi la position du remotum ; mais, comme nos mesures ont été prises presque exclusivement sur nos camarades en cours d'étude, qu'il nous était impossible, en conséquence, de les soumettre à des instillations d'atropine, et que nos mesures pourraient, par suite, être inexactes, nous n'avons pas inscrit sur le tableau les états de la réfraction statique trouvés.

Les nombres des colonnes 5 et suivantes indiquent, en angles métriques, le degré de convergence des yeux de l'observateur au moment de l'observation ; en admettant que chaque observateur qui jouit de la vision binoculaire accommode pour le point où ses axes visuels convergent, ces mêmes nombres représentent la distance, en dioptries, du point pour lequel l'observateur accommode. Par la comparaison de ces nombres avec ceux qui sont inscrits dans les colonnes 3 et 4, on déduit la fraction du pouvoir accommodatif qui intervient et celle qui est en réserve au moment de chaque observation.

I. — Le fait général qui se dégage de l'inspection et de la comparaison des nombres contenus dans le tableau ci-joint est que la fraction du pouvoir accommodatif que l'on fait intervenir en regardant au microscope n'est presque toujours qu'une partie assez faible du pouvoir accommodatif total.

Soit, par exemple, l'observateur du n° 3 du tableau, lequel, pour les divers grossissements, fait toujours converger ses axes visuels à une distance de 2^d, 7 à 3^d. Son proximum étant à 11^d, cet observateur, au moment où il examine une préparation microscopique, a $11^d - 3^d = 8^d$ d'accommodation en réserve, sur les 11 qu'il possède normalement d'après les observations de Donders. Il en est de même pour la presque totalité des personnes sur lesquelles ont porté nos déterminations ; pour chacune d'elles, la portion d'accommodation en réserve est une fraction très notable du pouvoir accommodatif total.

Sans doute ce fait, bien qu'il n'ait pas été signalé, à notre connaissance du moins, a été observé bien des fois. Bien des personnes avant nous ont dû constater que, dans le cas d'un grossissement un peu fort, la même mise au point rendait l'image également nette pour des observateurs dont les yeux présentaient des états de réfraction notablement différents. Mais aucune conséquence sûre ne pouvait en être déduite quant à l'état d'accommodation de l'œil observateur. On pouvait bien conclure de là que l'état de l'accommodation était au moins sans grande influence sur la netteté des images ; mais il n'en résultait pas forcément que chaque observateur n'utilisait qu'une faible partie de son pouvoir accommodatif. Nous croyons au contraire avoir établi ce fait et indiqué une méthode suffisamment exacte pour le constater.

II. De la comparaison des nombres contenus dans les colonnes 5 et 6 d'une part, 9 et 10, 11 et 12 d'autre part, il résulte que l'état de l'accommodation ne varie pas notablement avec le grossissement ; il semble cependant qu'en général on aurait une tendance à accommoder pour une distance plus petite lorsque le grossissement est plus faible, c'est-à-dire lorsque la netteté de l'image microscopique est donnée par une accommodation exacte.

III. Si l'on compare les nombres des colonnes 5, 6 et suivantes à ceux des colonnes 3 et 4, on voit que, en général, les personnes dont le proximum est situé plus près convergent un peu plus, et par conséquent accommodent un peu plus fortement.

IV. Un fait, en apparence contradictoire avec le précédent, est fourni par les nombres relatifs aux observations des nos 8, 22, 23 ; ces observateurs, myopes, sont ceux qui convergent le moins. Mais nous avons pu observer directement sur chacun d'eux, sinon un véritable strabisme divergent, du moins une notable insuffisance de convergence, ce qui explique l'éloignement du point de concours des axes visuels au moment où ces personnes examinent une préparation microscopique.

Il va sans dire, que, pour ces observations, on ne peut rien conclure relativement à l'état de l'accommodation.

En résumé :

Nous avons fait connaître une méthode pour déterminer chez toutes les personnes non strabiques l'état de l'accommodation de l'œil au moment d'une observation au micro scope.

En outre, des mesures que nous avons prises avec cette méthode, nous croyons pouvoir conclure que, dans la très grande majorité des cas au moins, on ne fait intervenir, pour examiner une préparation microscopique, qu'une fraction relativement faible du pouvoir accommodatif.

Si la pratique du microscope est une cause de fatigue pour l'œil, c'est donc au même titre que le travail habituel, sans qu'il y ait rien de spécial à l'usage de l'instrument.